RÉFLEXIONS

SUR

L'AFFRANCHISSEMENT

DES ESCLAVES

DANS LES COLONIES FRANÇAISES.

PAR A. DE LACHARRIÈRE,

PRÉSIDENT DE LA COUR ROYALE DE LA GUADELOUPE.

PARIS,

IMPRIMERIE DE GUIRAUDET ET CH. JOUAUST,
315, RUE SAINT HONORÉ.

1838.

RÉFLEXIONS

SUR

L'AFFRANCHISSEMENT

DES ESCLAVES

DANS LES COLONIES FRANÇAISES.

Les peuplades africaines sont placées entre l'état sauvage et la barbarie. Les unes touchent encore au premier terme, les autres sont plus voisines du second. Elles forment avec la race blanche les deux extrêmes de l'espèce humaine.

Tandis que l'Europe n'a cessé de s'avancer dans la route du progrès, l'Afrique est demeurée stationnaire. Son gouvernement est le despotisme, son droit public l'esclavage, son commerce la vente de ses enfants. C'est là un fait incontestable et qui mérite d'être étudié : pour le faire avec fruit, il n'est pas inutile d'entrer dans quelques détails sur le type physiologique et moral de la race nègre.

Le nègre est de taille moyenne; ses jambes sont grêles; mais le haut du corps est superbe; la poitrine est saillante, les mamelles fortement prononcées; les bras bossués et athlétiques chez les hommes, arrondis et gracieux chez les femmes. L'épine dorsale, au lieu de faire saillie comme chez l'Européen, est enfoncée, de sorte qu'un sillon profond règne dans toute sa longueur; sa tête est aplatie; le crâne excessivement dur, recouvert d'une crinière crépue, graisseuse, qui tient plus de la laine que la chevelure bouclée et flottante des Européens, ou des cheveux droits, lisses et soyeux des Indiens. L'angle facial, excessivement aigu, ne laisse que peu de place aux développements du cerveau, siége de l'intelligence. Ces narines béantes sous un nez épaté, ces traits écrasés, cette couleur qui n'est que l'absence des couleurs, ces yeux mats à fleur de tête et presque dépourvus de sourcils, forment un ensemble terne et sans mobilité, peu propre à manifester au dehors les agitations de l'esprit ou les émotions de l'âme.

Quelle différence de cette physionomie à celle de l'Européen! il est impossible de la nier, pas plus que celle des intelligences.

Un front élevé et superbe, fait pour contempler le ciel ; une cornée nettement dessinée sur le blanc qui l'environne ; un sourcil épais, de longues prunelles ; un œil légèrement enfoncé, d'où le regard s'échappe comme un éclair ; des cheveux qui se prêtent à toutes les formes, et peuvent même se dresser sur la tête dans les grandes émotions ; un nez aquilin, une narine étroite ; une lèvre, sur laquelle la parole se peint avant d'être prononcée ; une peau que fait pâlir la colère ou rougir la pudeur, sont, chez l'Européen, les moyens de communication d'une âme qui, toujours en activité, a besoin de se répandre au dehors ; tandis que le visage du nègre au contraire s'harmonie avec l'inertie de ses facultés intellectuelles.

Le nègre me paraît différer encore du blanc par la nature des fluides de son corps. Cette différence se révèle d'abord par l'odeur qu'exhale sa transpiration, et qui commence à se manifester vers l'âge très précoce de puberté. C'est peut-être encore la nature particulière de ces fluides qui peut expliquer pourquoi la chaleur ne l'incommode point. En effet, dans le plaisir comme dans le travail, il ne paraît pas s'apercevoir de la présence d'un soleil que les corps européens ne peuvent impunément braver. Dans

ses loisirs, ce n'est point l'ombrage qu'il recher-
che ; si , sur le bord de la mer, il existe quelques
arbres dont l'Européen chercherait l'abri , c'est
sous les rayons d'un soleil brûlant que le nègre
ira se placer par préférence. Cet astre, si funeste
à l'Européen sous les tropiques , est pour le
nègre un ami : au lieu de l'abattement et de l'ac-
cablement que sa présence produit sur le premier , le second n'en reçoit que des impressions
de force , de joie et de santé. Aux champs on
remarque que les ateliers travaillent avec plus
d'ardeur après qu'avant le lever de cet astre.

Certes , ce n'est pas la couleur noire qui peut
expliquer ces effets, car c'est celle qui absorbe
au plus haut degré les rayons solaires. On a re-
marqué, par exemple, que dans la campagne les
bœufs noirs souffrent beaucoup plus de la chaleur que les autres ; leur peau est même souvent
brûlée sur les épaules. Le nègre , sous ce rapport, serait donc bien mal partagé , si la nature , qui l'a placé dans les régions les plus
brûlantes du globe , n'avait en même temps
armé sa constitution de quelques éléments de
défense qu'il est plus aisé de pressentir que de
préciser.

La différence dans la constitution physique
des deux races se manifeste encore par celle

dés maladies qui les affligent. Le nègre est plus sujet aux ulcères , à l'éléphantiasis , et à la ladrerie ; une maladie inconnue en Europe , et qui lui est particulière , est le *pian*. Il ne faut pas la confondre , comme l'ont fait quelques médecins, avec la maladie siphylitique : jamais le même individu n'en est atteint deux fois.

Le séjour des lieux bas et marécageux n'a rien de nuisible à la santé du nègre ; tandis que la vie du blanc placé dans les mêmes conditions n'est qu'une longue maladie. Le nègre y est plus noir, plus robuste que partout ailleurs.

Si nous l'examinons sous le rapport du moral, il nous faudra bien reconnaître que son intelligence est inférieure à celle du blanc : c'est ce que démontre l'expérience, ce que reconnaissent tous ceux qui séjournent quelque temps dans les colonies, ce dont il convient lui - même ; c'est d'ailleurs ce qu'atteste l'histoire de son pays natal , qui nous le montre stationnaire depuis plus de trois mille ans.

Les facultés les plus faibles chez lui paraissent être la mémoire et l'induction ; cette défectuosité dans deux facultés dont l'une nous conserve le passé, et l'autre nous dévoile l'inconnu , rend son horizon extrêmement borné. Il est mieux partagé du côté de l'imagination ; c'est ce qui fait qu'il est quelquefois orateur, et qu'il narre souvent très bien.

S'agit-il de lui montrer un métier, il apprendra à manier les outils qui n'exigent que la justesse du coup d'œil et l'adresse de la main en aussi peu de temps qu'un autre homme. Mais il n'en sera plus de même dès qu'il voudra faire usage de l'équerre, du fil à plomb ou du compas : c'est qu'il ne s'agit plus ici d'ajuster, il faut comparer et combiner.

Comme tous les peuples enfants, il est doué d'une vie végétative qui le préserve de l'ennui, ce terrible fléau des hommes civilisés. Dès qu'il est désœuvré, c'est pour lui comme un repos du corps et un sommeil de la pensée pendant lequel les heures s'écoulent inaperçues. Il suit de là que l'emprisonnement est une peine d'un effet fort équivoque sur lui ; que quelquefois même il le préfère au travail.

Il est très sensible à la musique. La religion a sur lui plus d'empire par ses chants que par ses prédications.

La danse est sa passion et paraît presque un besoin pour lui ; elle semble avoir pour but principal de provoquer les mouvements de son corps et de lui procurer un plaisir exclusivement physique.

Il est adonné au plaisir des femmes ; mais l'amour est chez lui un appétit plutôt qu'une affection de l'âme. Nul souci de l'avenir : le présent est plus que suffisant pour occuper sa faible intelligence. Il a peu de besoins, parce que le climat lui en impose encore moins qu'à l'homme des autres races , que d'ailleurs sa constitution est robuste, son corps endurci, et que l'activité de la pensée ne le tourmente pas. Ses goûts les plus prononcés , la gourmandise par exemple, le cèdent à son penchant pour la paresse : il la préfère à tout. Le climat favorise encore cette disposition déjà si impérieuse. Point d'hiver qui stimule sa prévoyance , l'oblige à préparer des vêtements, à amasser des aliments. Le soleil de son pays, si redoutable pour l'Européen, est pour lui sans inconvénients. Ses rayons perpendiculaires, qui désorganiseraient la peau d'un blanc, ne produisent aucune impression sur la sienne, de sorte qu'il n'a pas besoin de vêtements. Le pagne qui dans son pays natal entoure ses reins n'a d'autre but que de satisfaire sa pudeur , sentiment commun à tout le genre humain. Dans l'état de nature , il ne séjourne dans sa hutte que momentanément , pour se mettre à couvert de la pluie ou à l'abri des bêtes féroces.

Du reste son caractère ne manque pas de bonté. Il est surtout susceptible d'attachement et de reconnaissance.

Tel est le portrait du nègre, du moins tel que je le connais. On sent qu'il ne s'agit que de la race en général, et qu'il est impossible qu'il n'existe pas d'exceptions. On se tromperait si on croyait que celui qui a essayé de peindre cette race est son ennemi. Il croit pouvoir dire que ce n'est point ainsi qu'il est jugé, soit par ses propres esclaves, soit par leurs semblables. Il sait fort bien que les nègres sont des hommes, qu'ils sont du même sang et de la même origine que nous ; en un mot il les considère comme ses frères. Leur infériorité n'est pas une raison pour les mépriser ou les opprimer ; c'est au contraire un titre à notre bienveillance. Ils doivent être dans la grande famille humaine ce que sont les enfants infirmes dans la famille domestique ; leurs parents ont pour eux d'autant plus de sollicitude qu'ils sont plus maltraités par le sort. Le grand mystère de la rédemption s'est opéré pour eux comme pour les autres hommes. Tel grand politique qui se croit le droit de soumettre le monde à l'épreuve de ses théories subversives sera peut-être fort étonné d'occuper dans un autre monde une position bien infé-

rieure à celle du pauvre nègre qui maintenant féconde de ses sueurs le sillon de son
maître.

D'ailleurs l'auteur de cet écrit ne nie point
la perfectibilité relative du nègre. Il sait bien
que l'éducation, les idées religieuses, le genre
de vie, sont autant de causes qui agissent sur le
physique et sur le moral. Nous verrons bientôt
que, sous ce double rapport, le type africain a
éprouvé dans les colonies de grandes amé-
liorations.

Certes les traits moraux et physiques des barbares qui envahirent l'empire romain devaient
peu ressembler à ceux des nations actuelles de
l'Europe. Lorsqu'on visite nos anciennes cathé-
drales, on est surpris de l'étrange physionomie
des personnages qui y sont représentés. Les lignes du visage et l'expression des yeux offrent
quelque chose de brut et de sauvage en rapport
avec les forêts d'où ces hommes étaient sortis
depuis peu et avec le genre de vie qu'ils y me-
naient ; il en est de même des statues antiques
qui représentent des prisonniers barbares.

C'est un mauvais système que celui de déna-
turer les faits pour les ployer à des solutions ar-
rêtées d'avance. Bien déterminer la nature et la
réalité des choses, en déduire des conséquen-

ces logiques , telle est la seule marche qui conduise à la vérité, c'est celle que nous nous efforçons de suivre. Notre conscience , l'intérêt des nègres eux-mêmes, nous en font un devoir. Il faut que l'attachement qu'on leur porte soit un sentiment éclairé , ou il leur sera plus funeste qu'avantageux. Pour leur être utile il faut commencer par les connaître.

C'est en s'élevant au dessus des préventions, en s'entourant de toutes les données que fournit l'observation, qu'on peut espérer de parvenir à la solution de la question de l'esclavage. Soit qu'on la considère sous le point de vue philosophique, soit qu'on l'examine dans ses résultats sur la société, cette question est peut-être la plus grave qui ait jamais occupé l'intelligence humaine.

En vain espérerait-on s'éclairer d'une manière absolue par les enseignements de l'histoire : elle ne nous offre rien d'analogue. En effet, nous voyons dans l'antiquité plusieurs nations réduites en servitude ; nous n'en voyons aucune affranchissant l'intégralité de sa population esclave.

Aucune nation ancienne ou moderne n'a subi un changement comparable par son importance à celui qu'il est maintenant question d'imposer aux colonies. La république romaine rem-

plaçant la royauté par le consulat, la France
détruisant ses anciennes constitutions et s'effor-
çant de leur substituer le régime républicain, ne
nous offrent, en principes, et abstraction faite de
la différence des chiffres de population, que des
révolutions d'une portée circonscrite, si on les
compare à un changement qui tend à faire pas-
ser toute une population de l'esclavage à la liberté, de la barbarie à la civilisation.

Chez les nations les plus illustres de l'Europe,
le servage, après avoir été long-temps la loi du
plus grand nombre, a fini, il est vrai, par disparaître ; mais ce changement s'est opéré d'une
manière lente et insensible, il a exigé une accu-
mulation de siècles.

Or, ici on veut non seulement abolir l'esclavage, mais encore élever, au moyen d'un vote
de la chambre, à la dignité d'hommes civilisés,
une race africaine qui dans sa terre natale n'a pu
depuis 3,000 ans nous offrir un seul exemple de
véritable civilisation, et cependant, quelque grave que soit cette question, elle n'est, en réalité,
que secondaire. Augmenter le bien-être matériel
et moral de notre population agricole, tel est le
but qu'on doit se proposer. L'abolition de l'esclavage n'est qu'un moyen ; il faut l'adopter s'il conduit à ce but, l'ajourner s'il en éloi-
gne. Car, nous du moins, nous croyons que, si

résultat de l'affranchissement devait être de faire disparaître le travail, par conséquent l'agriculture et le commerce, de refouler la population vers son point de départ, c'est-à-dire la barbarie, l'oisiveté et la misère, ce serait un présent aussi funeste aux intérêts de ceux qui l'auraient reçu qu'à la réputation de ceux qui l'auraient fait.

Il n'est donc pas d'affranchissement admissible s'il ne conserve à sa population son caractère agricole.

Peut-on dans le moment actuel abolir l'esclavage sans abolir le travail?

Voilà, nous ne cesserons de le répéter, comment la question doit être posée.

J'avoue que ce n'est qu'en tremblant que je me décide à aborder un problème aussi difficile et dont la solution peut avoir les plus graves résultats. Il ne s'agit pas ici des innocentes spéculations d'une théorie ingénieuse, qu'on peut adopter ou rejeter sans inconvénients, mais d'une expérience à pratiquer sur une société tout entière. Il est question de lui retirer la vie dont elle a vécu jusqu'ici, pour lui en donner une nouvelle. Rien de plus facile que de retirer celle qui l'anime, rien de plus difficile que de constituer l'autre; et l'expérience pourrait bien laisser pour résultat un cadavre entre les mains des expérimentateurs.

Si on me disait : « Vous avez tout pouvoir sur la Russie, vous pouvez changer ses lois, affranchir ses serfs ; voilà une plume, écrivez sa charte de liberté », je me trouverais, je l'avoue, fort embarrassé ; mais, en tout état de cause, je commencerais par confesser ma complète ignorance, par reconnaître la nécessité d'aller sur les lieux étudier long-temps les hommes et les choses. Et encore combien d'hommes qui sont sur les lieux et qui se trompent !

Cependant, le peu de notions que je possède sur un pays que je n'ai jamais habité et le sens commun suffiraient pour que je me disse à moi-me : Une nation doit être composée de trois parties, la classe élevée et la basse classe, qui en sont les extrêmes ; la classe moyenne, qui tout à la fois les sépare et les unit, et sans laquelle tout équilibre et toute harmonie sont impossibles. En Russie la classe moyenne n'existe pas encore, mais la basse classe est esclave, ce qui permet à la classe élevée de diriger la nation. Si j'affranchis un si grand nombre d'hommes, la classe inférieure se trouvera démesurément nombreuse, et, n'étant contenue par aucun intermédiaire, elle renversera l'autre ; il y aura anarchie, guerre civile ; et j'aurai, en croyant faire le bien, arrêté les progrès, peut-être même compromis l'existence de ce colosse qui, tel qu'il est constitué, étonne souvent l'univers par la rapidité avec laquelle il s'avance dans la carrière de la civilisation.

Aussi, tout en m'associant aux pensées généreuses des abolitionistes, je m'effraie de la témérité de ceux d'entre eux qui croient qu'il ne s'agit ici que d'un vote législatif; ce qui me conduit à leur dire qu'ils ne sont, à mes yeux, ni de véritables hommes d'état ni de véritables philanthropes. Hommes d'état, ils comprendraient la difficulté de l'entreprise; philanthropes, ils en redouteraient les suites, ils agiraient avec plus de circonspection et plus de méfiance d'eux-mêmes.

L'abolition de l'esclavage est une question de temps, dit-on. Qui peut en douter? N'en est-il pas de même de toutes les institutions humaines? Elle se réduit donc à une appréciation de faits. Ceci nous mène à examiner quel est le caractère moral actuel des noirs créoles, et quelle est leur position sociale. De cet examen découlera naturellement la solution des deux questions suivantes : Sont-ils mûrs pour l'affranchissement? Dans le cas de la négative, quels sont les moyens les plus propres à hâter le moment qui permettra de l'opérer ?

Nous commencerons par quelques réflexions sur les moyens à l'aide desquels se perfectionnent les races. La double nature de l'homme nous permet de le comparer aux animaux, sans craindre d'être accusé de porter atteinte à sa dignité. Si l'on veut avoir une espèce propre à un usage spécial, il faut, de toute nécessité, agir sur une longue suite de générations. L'éducation des parents profitera aux enfants, et l'on finira par obtenir une race qui se distinguera par des dispositions, un instinct et des traits étrangers à la race primitive, et cependant propres à ses descendants.

En observant les animaux qui nous sont soumis, il est facile de s'apercevoir que leur soumission ne date pas de la même époque. Il est, par exemple, des oiseaux dont l'état de domesticité est si ancien, qu'ils ont perdu la faculté qui les caractérisait dans l'état de nature, celle du vol. Il en est d'autres auxquels on est obligé de couper les ailes pour les empêcher de retourner à la vie sauvage.

Qu'un enfant naisse chez les sauvages, il tiendra de ses parents un cachet particulier; l'instinct, les appétits de sa race, existent déjà chez lui. Ce ne sont encore, il est vrai, que des rudiments; mais ils se développent avec le temps.

Dès le sein maternel, le fœtus s'organise d'après un type particulier, celui de la race. Il possède, quoique non encore développés, ces sens (dont l'Européen ne se fait pas d'idée) qui le mettront à même de se diriger dans d'immenses forêts, de reconnaître des traces invisibles pour nous. Il est prédisposé à cette soif de la vengeance, à cette adresse à viser un but, à cette vie végétative et mélancolique, qui caractérisent les tribus sauvages.

Qu'un enfant, au contraire, naisse en France ou en Angleterre, il apportera le germe des idées qui, en se développant, produiront en lui le sentiment du beau, l'amour des arts, le goût des plaisirs moraux, l'aptitude au travail, la soif de la science.

De sorte que l'on peut dire que le sauvage et l'homme civilisé diffèrent dès le sein de leur mère.

L'individu se forme donc sous l'influence de deux sortes de causes : les unes agissent par transmission, les autres par communication. Les premiers transmettent le type primitif, les autres le développent et le modifient : tels sont l'éducation, l'exemple, etc.

L'éducation peut altérer le type chez l'individu, mais ne peut l'effacer que dans la race en agissant sur un grand nombre de générations.

Ce n'est que par une action long - temps conti-
nuée qu'on parvient à ce résultat, et souvent
même on n'y parvient jamais entièrement : il y
a encore du Gaulois dans le Français de nos
jours, et toutes les nations de l'Europe conser-
vent plus ou moins les traits de leurs ancêtres.

En faisant l'application de ce que nous venons
de poser, nous dirons qu'il n'est pas possible,
à l'aide d'une loi et d'une ordonnance, en vertu
du dogme de la souveraineté du peuple ou du
bon plaisir , de transformer tout-à-coup des
sauvages ou des barbares en des hommes civilisés ; pas même de faire des Français avec des
Espagnols, ou des Anglais avec des Russes.

Pour peu qu'on examine le nègre créole , on
reconnaît chez lui le type Africain qui s'efface,
et le type de l'homme civilisé qui se forme. Il est
dans un état de transition. Sollicité vers la barbarie par un reste des goûts et des appétits qu'il
tient de son origine, il est poussé vers la civilisation par ses nouvelles habitudes et par une
force en dehors de lui , l'autorité et l'exemple de
son maître ; là où ce double contrôle s'affaiblit
ou s'efface, la nature primitive reprend son empire. Chez le nègre c'est surtout la nuit que le
barbare se montre. Le paysan européen se re-
pose alors au milieu de sa famille : le nègre ,

le plus grand nombre du moins, n'a pas encore de famille, la demeure de ses amours mobiles est souvent éloignée de plusieurs lieues. Y aller et en revenir serait une fatigue pour tout autre homme : c'est cependant à cela qu'il emploie une partie du temps consacré au repos.

Un grand nombre d'autres causes le portent à mener cette vie errante. Est-il, par exemple, un nègre qui puisse entendre le bruit du tambour qui sert à leur danse, sans accourir aussitôt ? L'éloignement, les précipices, l'obscurité, l'orage, rien ne l'arrête.

Un autre trait du caractère africain qu'on retrouve en lui, c'est la polygamie ; jointe à l'inconstance, qui le porte à changer sans cesse de femme, elle nuit à son bien être moral et matériel.

L'un des plus grands vices dont il soit affligé, le plus puissant des obtacles qui retardent sa marche vers la civilisation et l'affranchissement, c'est incontestablement l'absence du mariage : c'est sur cet objet que le gouvernement doit porter son attention. Il faut constituer la famille par le mariage avant de songer à l'émancipation, mais on n'y parviendra qu'avec le temps et des efforts soutenus. Nos nègres sont, sous ce rapport, beaucoup moins avancés que ceux d'Antigues et de la Barbade.

Le nègre créole, quoique déjà bien loin de
l'Africain, n'a cependant pas encore eu le temps
de se familiariser suffisamment avec le travail,
et son corps n'a pas encore contracté assez de
besoins pour que la satisfaction des jouissances,
que la civilisation seule procure, exerce sur
lui cette influence qui peut triompher du dé-
goût qu'inspire le travail.

On ne saurait trop se pénétrer de cette vérité
que le travail de l'homme est un fait fatidique
comme l'esclavage dont il dérive. Il est antipa-
thique à la nature primitive de l'homme. Il faut
une force irrésistible, agissant sur une longue
suite de générations successives, pour triompher
de cette antipathie.

On croit en Europe que les nègres, courbés
sous le joug de l'esclavage, sont tristes, tacitur-
nes, dissimulés : c'est tout le contraire. Ils ont
le geste brusque, le verbe haut ; ils sont or-
gueilleux, d'une gaieté bruyante, plus familiers
avec leurs maîtres que les domestiques et les jour-
naliers de France et surtout d'Angleterre avec les
leurs. C'est qu'il ne faut pas juger du sentiment
moral d'un peuple par celui d'un autre. Pour un
Romain, obéir à un roi était le comble de l'in-
famie. L'honneur, pour Bayard, consistait à
servir fidèlement le sien. Le nègre comprend

fort bien et ses droits et ceux de son maître ; il croit plutôt s'honorer que s'avilir en lui obéissant : mais qu'il soit maltraité par un nègre comme lui , ou même par un homme libre dont il se croit le droit de contester l'empire , vous verrez avec quelle énergie il ressentira l'affront. Le sentiment de la justice ne lui est point étranger. Si la question de l'indemnité lui était soumise , elle serait bien vite décidée en faveur de son maître. Le plus habile avocat ne lui ferait pas comprendre que l'affranchissement, sans le paiement de sa valeur, n'est pas une spoliation.

Au reste , il est encore bien plus près des sensations que des sentiments, et des impressions que des idées. Nous avons déjà dit qu'il aimait beaucoup la musique. Comme tous les peuples enfants , les complaintes et les cantiques répondent et suffisent à la faiblesse de ses perceptions ; les marches guerrières le font quelquefois sortir de sa léthargie ; mais en général nos airs gais ne sont de son goût. Sa danse tient de son ancienne barbarie et contribue à l'entretenir (1).

---

(1) Si vous voulez avoir une idée de ce qu'on appelle un *Bamboula* , figurez - vous un nègre à califourchon sur un

J'ai dû commencer par décrire le nègre primitif, je vais maintenant essayer de déterminer les changements que le type africain a subis dans les colonies au moral et au physique.

Les traits se sont relevés, les lignes du visage sont plus nettement dessinées, la physionomie a plus d'expression, le regard plus de finesse. Notre contact, nos arts mécaniques, auxquels nous les avons initiés, notre culte, nos institutions, nos lois, leur ont donné des idées nouvelles et des connaissances qu'ils ne possédaient

tambour : il le frappe tantôt d'une main, tantôt de l'autre, souvent des deux à la fois. La mesure est tour-à-tour lente et précipitée. Il tient le talon d'un de ses pieds appliqué contre la peau qui recouvre l'instrument, et, en graduant la pression, il modifie le son à sa volonté. Un autre nègre, placé derrière le premier, tient dans chaque main une baguette de bois dur, dont il frappe les flancs de la caisse en marquant la cadence.

Le tambour est bientôt saisi d'une sorte d'enthousiasme, le jeu de ses mains est si rapide que les sons qui s'en échappent ressemblent au roulement d'un tonnerre lointain; il se livre anx contorsions les plus violentes. Le *tafia*, dont il s'abreuve augmente cet état d'excitation; on dirait un sorcier Lapon. Les négresses se rangent en cercle autour de ce singulier orchestre; elles l'accompagnent de leurs voix, de leurs battements de main; d'autres agitent leurs têtes. Les danseurs et les danseuses se placent au milieu du rond; ils chantent, ce qui ajoute encore à leur fatigue. Du reste tous leurs mouvements ont pour but d'exprimer l'amour physique. En dehors du cercle on voit des enfants qui savent à peine marcher sauter en cadence, et chercher à imiter leurs parents.

point. Aussi leur intelligence est-elle beaucoup plus développée.

A mesure qu'ils grandissaient comme êtres moraux , leur bien – être matériel augmen-tait.

Dans l'origine des colonies, ils n'étaient vêtus que d'un simple caleçon de toile. Toutes les heures destinées au travail étaient employées au profit de leurs maîtres, qui étaient obligés de les nourrir et de les soigner comme des en-fants. Ce régime était le seul possible à une époque où ils étaient si récemment sortis de leurs déserts.

Quel immense changement ! Pour mieux dire, quelle révolution ne s'est pas opérée dans leur sort ! Ils sont entrés en partage de temps et de travail avec leurs maîtres. Une portion de terre leur est accordée , un temps suffisant pour la cultiver leur est alloué; de sorte qu'eux aussi ils ont leur bétail, leurs cultures , leurs récoltes. Les profits que leur procurent les produits de ces objets leur appartiennent ; ils en jouissent; ils en disposent. Bien vêtus, bien nourris, ils ne sont point étrangers aux jouissances du luxe. Ces heureux changements augmentent leur bien-être et développent leur intelligence. Les nègres de nos jours ne ressemblent plus à ceux qui servaient nos pères : ils occupent une position bien plus élevée dans l'échelle sociale.

Ces progrès, dans le bien-être matériel, sont la preuve de progrès en civilisation et en intelligence. Les uns ne pouvaient avoir lieu sans les autres ; il a fallu qu'ils marchassent de front.

C'est ici le lieu de faire connaître ce que c'est que l'esclavage dans les colonies, du moins dans celle à laquelle j'appartiens.

Chez les Romains, le maître avait, jusqu'aux réformes introduites par Antonin le Pieux, droit de vie et de mort sur ses esclaves. Ceux — ci ne pouvaient rien posséder en propre ; ils ne possédaient que pour leurs maîtres : c'était la *chose* dans toute la force du mot. La définition du droit de propriété *Jus utendi et abutendi* s'appliquait à la propriété sur l'homme comme à toutes les autres : voilà le véritable esclavage, celui qui existait chez presque tous les peuples de l'antiquité.

Dans nos colonies, au contraire, on peut dire que l'esclavage n'existe pas, du moins considéré sous ce rapport. Le maître n'a nullement le *Jus utendi et abutendi*, qui en formait l'essence. On continue bien, il est vrai, dans le langage du droit, à considérer l'esclave comme une chose ; mais cette manière de l'envisager, qui était conforme à la réalité chez les Romains, n'est qu'une fiction dans les colonies : c'est ce que je vais démontrer.

On doit considérer le maître sous deux rapports : comme magistrat, et comme propriétaire. Comme magistrat, la loi lui confère le droit de punir les fautes contre la discipline. Les limites de sa compétence sont tracées ; un châtiment corporel, chaque jour plus rare, y tient lieu des peines afflictives et infamantes qui sont pour le citoyen la conséquence de délits analogues. Le maître ne saurait franchir ces limites sans devenir lui - même coupable ; le ministère public le poursuivrait , et les tribunaux lui appliqueraient les peines prononcées par les lois.

Cherchons quel est son droit de propriété. Le temps du nègre est divisé en deux portions : l'une lui appartient, l'autre est à son maître. Le droit du maître d'user de la portion qui lui appartient, celui d'infliger des peines dans les limites posées par la loi , voilà ce qui constitue l'esclavage à la Guadeloupe. Ce n'est donc autre chose qu'un impôt de temps prélevé par le maître sur l'esclave, ou, si l'on veut , c'est un contrat bilatéral. Il est vrai qu'il est forcé de la part du nègre : c'est en cela qu'il tient de la servitude.

On fera une objection, on dira : Aucune loi

n'assure à l'esclave la propriété de son pécule ; la cupidité portera souvent le maître à s'en emparer. Je répondrai qu'on n'en voit pas d'exemple. Celui-ci qui agirait ainsi se déshonorerait ; il serait d'ailleurs bientôt ruiné. Les nègres ont le sentiment de la justice : s'ils étaient ainsi traités, ils s'exaspéreraient, abandonneraient la culture de leurs terres, se livreraient au maronnage, et l'habitant ruiné serait une terrible et salutaire leçon. Les colons sont bien convaincus que leurs richesses consistent dans leurs ateliers ; ils font tous leurs efforts pour augmenter le bien-être de leurs esclaves, pour leur inspirer le goût du travail et de l'aisance, parce que alors ils sont d'autant plus utiles aux maîtres et d'autant plus faciles à conduire. Industrieux, ils travaillent mieux et pour eux et pour leurs maîtres, et se renouvellent par la reproduction.

Ici d'ailleurs, comme partout, il existe des usages qui ont force de loi. Je défie, par exemple, qui que ce soit d'acheter des nègres sans leur consentement, il les achèterait, mais il n'en jouirait pas, car bientôt il aurait à se repentir de la témérité et même de la stérilité de son marché.

On pourrait me dire : Puisque les nègres travaillent pour leur compte et peuvent se suffire à eux-mêmes, ne doit-on pas présumer qu'ils travailleraient avec plus d'ardeur s'ils étaient libres. La réponse est facile : Les habitants, comme nous l'avons fait voir , sont autant de magistrats. Le sol en est couvert , leur autorité ne permet point de pas rétrograde , et empêche tout retour vers le désordre et l'oisiveté ; et cependant , ils n'ont pas encore tous réussi à amener leurs ateliers à l'état satisfaisant dont j'ai parlé. Un grand nombre est obligé de les forcer de travailler pour eux-mêmes ; dans quelques plantations il faut encore qu'un commandeur les conduise aux champs les jours qui leur sont consacrés , et les fasse travailler sous ses yeux. Sur les habitations même les plus avancées il est à remarquer qu'il faut conduire les retardataires à leurs propres travaux : cela vient de ce que, cette population ayant été long-temps recrutée d'importation d'Afrique , elle est encore loin d'être homogène. A côté d'individus dont les pères et mères étaient issus de nègres créoles il s'en trouve un grand nombre dont les parents sont venus de la côte de Guinée, un nombre moindre , et cependant encore considérable, que la traite, qui n'a complétement fini qu'en 1830, y a porté , de sorte que le type Africain est plus ou moins prononcé selon que les individus se trouvent placés dans l'une ou l'autre de ces circonstances.

On peut se faire une idée, par ce que nous venons de dire, du vide que laisserait la destruction de l'autorité des maîtres, et quelle serait l'énergie du mouvement rétrograde qui en serait le résultat inévitable.

Que deviendraient, en effet, les colonies, si on lâchait tout à coup ces hommes sans lien de famille, presque sans besoins, sans habitude suffisante du travail, sans frein religieux ? Où seraient les magistrats assez puissants pour se faire obéir de cette multitude ? Quel serait leur mode d'action compatible avec la liberté ? Par quel côté auraient-ils prise sur ces citoyens improvisés ? N'est-il pas plus prudent, plus rationnel, pendant qu'ils sont encore assujettis à une règle positive et uniforme, de compléter leur préparation sociale et de les initier aux sentiments des garanties qu'ils devront à la société dans une nouvelle condition.

Il est des personnes qui veulent détruire la société coloniale pour la reconstruire : nous voulons, nous, la transformer en la développant. Notre population esclave a fait de grands progrès ; il s'agit de continuer et non d'interrompre. J'ai dit que, dans l'origine des colonies, on était obligé de nourir, de vêtir les nègres, de les traiter comme de grands enfants ; que maintenant au contraire ils étaient entrés en partage de temps et de travail avec leurs maîtres; qu'en un mot il se suffisaient à eux - mêmes. Ce pas est immense , c'était peut-être le plus difficile à franchir ; mais ce qui n'est pas moins constant c'est que l'habitude du travail a encore besoin de l'autorité du maître pour s'affermir et devenir indestructible : il ne faut donc pas détruire l'état social existant. Dans l'état actuel des choses , la dicipline , l'autorité du maître , tranchons le mot, la servitude, sont les seuls auxiliaires possibles du progrès.

Je pourrais multiplier mes observations sur l'état actuel du nègre; elles offriraient toujours pour résultat le type Africain qui s'efface, le type de la civilisation qui s'établit , mais qui s'établit lentement ; d'où il faut conclure que l'affranchissement immédiat est impossible.

On a proposé divers moyens d'accélération tels que le pécule, le rachat forcé, l'apprentissage. Ils présentent tous un vice capital qui doit les faire repousser : car, dans la forme ou les esprits européens les conçoivent, tous ces expédients auraient le funeste résultat de rompre les liens d'affections qui existent entre le maîtres et les serviteurs. C'est ce que le conseil colonial de la Guadeloupe a complétement démontré; c'est ce que l'expérience de nos voisins a rendu incontestable. La méfiance, l'aversion, règnent, dans les îles Anglaises, entre les propriétaires et les cultivateurs, et on ne se dissimule point que ce terrible inconvénient peut entraîner leur ruine lorsque l'heure fixée pour la fin de l'apprentissage aura sonné. Déjà les nègres de la Jamaïque ont annoncé qu'ils cesseraient de travailler pour leurs maîtres aussitôt que l'apprentissage serait expiré : c'est une des grandes leçons que l'expérience anglaise nous a déjà procurées; c'est une preuve, ajoutée à tant d'autres, de la nécessité d'attendre le résultat de leurs essais avant de commencer les nôtres.

L'action à exercer sur la société actuelle pour l'amener au point où l'affranchissement sera possible doit porter et sur la population libre et sur la population esclave.

Dans un écrit publié il y a peu de temps, j'ai manifesté l'opinion qu'il ne serait pas possible de triompher des préjugés qui éloignent la population libre du travail de la terre tant que l'esclavage subsisterait (1). Je l'ai appuyée par des raisonnements qu'il serait trop long de répéter ici.

(1) *De l'Affranchisement des esclaves.* Chez Eug. Renduel, Paris 1836.

J'ai trop de bonne foi pour ne pas convenir que chez moi cette opinion a subi quelque modification. Lorsque la classe des affranchis, privée des droits politiques, ne jouissait pas même de tous les droits civils, et qu'elle était placée comme un intermédiaire entre les esclaves et les blancs, son amour-propre la portait à éviter tout ce qui pouvait la faire confondre avec les premiers et à adopter tout ce qui pourrait la rapprocher de ces derniers. De là ses répugnances pour des occupations jusque alors exclusivement réservées aux nègres. Maintenant que les hommes qui composent cette classe sont les égaux des blancs, ils ne peuvent plus être influencés, du moins au même degré, par les susceptibilités d'un orgueil qui n'a plus ce motif d'ombrage. Si, comme il est naturel de le penser, leur esprit s'est élevé à la hauteur de leur nouvelle situation, ils doivent comprendre que l'assimilation légale qu'ils ont reçue les met à l'abri de l'assimilation qu'ils redoutaient, et qu'en conséquence leur dignité d'hommes n'a rien à souffrir, pas plus du travail de la terre que de tout autre travail honorablement et loyalement accompli. Je suis donc porté à croire que les efforts que l'on ferait pour leur inspirer le goût de la culture auraient aujourd'hui des chances de succès qu'ils n'auraient pas eues avant l'émancipation politique. J'appuierai ceci d'un fait récent qui m'est pour ainsi dire personnel.

Le canal qui fournit l'eau aux usines de mon quartier exigeait un travail considérable : il s'agissait d'en creuser le lit à l'aide de la pioche et de la bêche. Cette opération a été exécutée par des hommes libres, qu'on payait à la journée. C'est peut-être le seul exemple de ce genre depuis l'existence de la colonie, et il ne se serait probablement pas présenté avant l'émancipation des hommes de couleur. Ceci nous prouve qu'il est possible de délivrer le travail de la terre de l'humiliation qui s'y est jusqu'ici attachée.

Abandonné à lui-même, le progrès pourrait sans doute être d'une fâcheuse lenteur : rien de plus naturel et de plus juste que de l'encourager.

On pourrait par exemple établir des primes pour ceux qui emploieraient dans leurs exploitations un nombre déterminé de travailleurs libres. Dans les adjudications d'entreprises de travaux publics, telles que la confection de certaines portions de routes, une augmentation de prix pourrait être également accordée aux entrepreneurs qui satisferaient à cette condition. La société est intéressée à l'adoption de ces mesures, ou de mesures analogues.

Le nombre des libres augmente tous les jours ; il leur faudra bientôt de nouveaux moyens d'existence. Les métiers ne suffisent plus : pressés d'un côté par la nécessité, sollicités de l'autre par de sages mesures, il serait possible qu'ils finissent par se convaincre que le travail de la terre nourrit l'homme et ne le déshonore pas. Créer cet état de choses ne serait pas seulement assurer l'existence de la population actuellement libre, mais aussi celle des affranchis futurs, qui, venant augmenter le noyau déjà formé, en adopteraient naturellement les habitudes et la loi.

Mais il y a encore quelque chose de plus et de mieux à faire. J'ai fait voir que les esclaves étaient dépourvus d'instruction religieuse, livrés sans frein à la polygamie, changeant de femme au moindre désir. Il faut donc s'occuper avant tout de moraliser leur esprit, de constituer le mariage. Déjà le conseil colonial de la Guadeloupe a porté une attention sérieuse sur ces graves préparations Notre population noire ne sera mûre pour l'affranchissement que lorsqu'elle sera composée de familles, et non pas seulement d'individus, comme elle l'est maintenant. Il s'agit de redoubler d'efforts.

Au moment où l'on crie à trois cent mille esclaves : « Vous devez être libres », et où l'irréflexion peut d'un jour à l'autre leur crier : «Vous êtes libres ! » on conçoit combien il importe qu'ils soient retenus par le frein de la religion, unis par les liens de la famille.

Pour arriver à ce but, il faut que les encouragements au mariage soient de nature à augmenter la somme du bien-être matériel, et à flatter l'amour-propre de ceux qu'on ne peut initier que par cette voie aux sentiments de dignité humaine coordonnés à celui des devoirs de la vie sociale. Ainsi j'admets que les corrections corporelles pourraient être utilement supprimées pour les gens mariés. Les femmes enceintes sont déjà l'objet de beaucoup de soins pendant la durée de leur grossesse. Une plus large disposition de leur temps après leurs couches pourrait peut-être leur être accordée : bien qu'il ne s'agisse ici d'aucune de ces réformes que l'humanité commande avec urgence, car les usages en vigueur n'ont rien qui en blesse les lois, et n'exigent jamais ce retour précipité au travail, si ordinaire à la femme du manœuvre métropolitain.

Le plus grand nombre des colons proportionne déjà pour les femmes la concession du temps de libre industrie à celui des enfants qu'elles ont élevés. L'abandon total de ce temps pourrait être la récompense de l'accomplissement des devoirs de la mère de famille qui, dans une union légitime, aurait élevé cinq ou six enfants.

Les gens mariés formeraient alors la classe supérieure de l'atelier ; ils auraient une plus haute idée d'eux-mêmes. Cela seul suffirait pour rendre leur conduite meilleure. Bientôt la plus grande ambition de tous ceux qui seraient doués de quelque moralité et de quelque amour-propre serait de faire partie de cette classe distinguée par ses sentiments et son aisance.

Lorsqu'on serait arrivé à ce point de voir des hommes libres adonnés aux travaux des champs, et, comme en France, se présenter aux époques les plus occupées de la culture et de la moisson ; lorsqu'on verrait la totalité ou au moins une grande partie des ateliers composée de familles légitimes, alors on pourrait sans danger prononcer le grand mot d'émancipation et compléter par la loi ce que les mœurs auraient ou commencé ou préparé.

La marche que je propose est sans doute moins expéditive que celle qui consiste à demander un vote à la chambre ; mais si le lecteur impartial veut se donner la peine de comparer, il reconnaîtra quelle est celle qui est la plus conforme à la nature des choses et offre le plus de chances de succès.

Aurait-on le courage de nous objecter que le plan que nous proposons exige du temps ? Nous répondrions que tout, dans ce monde, est soumis à ce grand agent; que rien ne se fait sans lui : c'est ce que démontre l'histoire de la nature comme celle de l'homme. Que d'années de troubles, de désordres, d'anarchie et de despotisme, ne se sont pas écoulées en France de l'époque de la grande réforme de 1789 à l'établissement du régime constitutionnel? La société française, tant aux colonies qu'en France, a-t-elle donc gagné tant aux sanglants orages de 93, qu'on doive légèrement exposer les colonies au danger de subir de nouveau une pareille épreuve?

Sans doute, Dieu peut changer le monde avec sa parole ; mais il n'a départi ce pouvoir à personne. Certes, nous pouvons penser, sans blesser nos législateurs, que le *Fiat lux* ne leur appartient pas plus qu'aux autres hommes.

Quant à la manière de voir des colons, elle tient à leur position. Les grandes innovations les inquiètent, parce qu'il n'est pas possible de s'en dissimuler les dangers. Il existe entre eux et les arbitres de leur sort cette différence, qui sans doute est grande, que l'épreuve des théories abolitionnistes est pour ceux qui les préconisent sans aucune chance soit de danger, soit de dommage personnel, tandis qu'elle peut consommer la ruine du colon et mettre en péril l'existence même de sa famille.

Aujourd'hui toutes les facultés d'observation du colon français se concentrent dans l'étude du grand changement qui s'opère autour de lui. Il en surveille toutes les phases avec soin , en attend le résultat avec anxiété. L'intérêt métropolitain lui-même commande le respect de ces sentiments.

Tant que l'expérience anglaise ne sera pas terminée , les colons français seront dans la crainte et dans l'incertitude. Si elle échoue, s'ils voient les colonies anglaises, sans culture, sans commerce, prendre la route dans laquelle St.-Domingue a marché si rapidement , c'est-à-dire tomber dans la barbarie et la misère , ils feront tous leurs efforts pour éviter un sort pareil. Si au contraire elle réussit , s'ils voient les îles qui les environnent cultivées par des mains libres , ils ne demanderont pas mieux que de marcher dans la carrière frayée par leurs voisins : au lieu des justes inquiétudes qui les préoccupent, ils auront la sécurité d'un grand exemple ; et cette importante condition de succès , il suffit de quelques années pour l'obtenir !

Le temps nous a déjà révélé des fautes capitales commises par les Anglais. Il en est une dont les résultats confirment ce que j'ai avancé. Lors de la discussion du bill d'émancipation, le cabinet anglais n'était pas maître du terrain ni de la ligne de conduite qu'il tint dans cette affaire « que cette ligne soit bonne ou mauvaise, *quelle soit juste ou injuste*, que les conséquences en soient heureuses , fâcheuses ou même *fatales*, c'est ce que je ne chercherai pas à discuter; mais ce que je maintiendrai, c'est que le cabinet n'a point de son chef pris l'initiative de la mesure en délibération ». C'était en août 1833 qu'un ministre tenait ce langage à la chambre des pairs d'Angleterre. Le désir de créer des embarras aux Etats-Unis a pu venir en aide aux menées abolitionnistes, mais il n'en est pas moins constant que le bill anglais a été voté à l'aide de passions aveugles qui n'ont laissé le temps ni d'en calculer les moyens d'exécution , ni d'en prévoir les conséquences. Le bill a déclaré que l'esclavage cesserait le même jour dans toutes les colonies , sans tenir aucun compte de leur état plus ou moins avancé. Qu'est-il résulté de là ? C'est que, en présence de quelques chances de succès qui existent encore, quoique déjà compromises, à Antigues et à la Barbade , où des circonstances particulières de localités ont en outre puissamment favorisé l'organisation du travail , les motifs de crainte les plus fondés pèsent chaque jour davantage sur l'avenir de la Jamaïque et de la Trinité. N'est-il pas évident que la raison exigeait qu'on commençât par amener au moins ces derniers établissements au même point de maturité, c'est-à-dire de progrès moral où se trouvaient la Barbade et Antigues. La différence des résultats attendus ou déjà accomplis a suivi la loi des différences fondamentales qui existaient entre l'avancement moral ou la situation matérielle des populations respectives.

On peut conclure de tout ce que j'ai établi : 1° Qu'il faut agir sur la population libre pour lui inspirer le goût du travail ; répandre l'instruction religieuse parmi les esclaves, afin d'en faire desêtres moraux ; constituer la famille par le mariage ;

2° Que l'affranchissement, étant une mesure définitive, doit être tout à la fois le complément et la conséquence des autres, et, par conquent, doit venir le dernier ;

3° Que la prudence et le sens commun exigent qu'avant d'abolir l'esclavage on attende le résultat de l'expérience anglaise.

FIN.